地球不能没有动物 生生不息

地球不能没有

天鹅

林育真 / 著

山东教育出版社·济南

"水上芭蕾舞者" 来了

每当冰雪消融、大自然充满春的气息时，我们天鹅结群从遥远的南方越冬地启程，飞回北方孕育新的生命。我们像身姿美妙、仪态优雅的水上芭蕾舞者，展翅飞来了！

游禽

　　善于游泳、潜水，适宜在水中取食的鸟类，如天鹅、企鹅、雁、鸭等。游禽是鸟类六大生态类群之一，其他还有涉禽、攀禽、猛禽、鸣禽和陆禽。

大家好，我就是人见人爱的大型游禽——天鹅。

大天鹅不是最大的天鹅

我们天鹅家族全球共 6 种，其中在中国繁殖或越冬的有大天鹅、小天鹅及疣鼻天鹅 3 种。另外，澳大利亚的黑天鹅、南美洲的黑颈天鹅和北美洲的黑嘴天鹅，也都是我们的家族成员。

虽然我名叫大天鹅，实际上我并不是天鹅家族中体形最大的。黑嘴天鹅的个头才是最大的。

我叫小天鹅，我可不是谁家的小宝宝，我也是一种天鹅哦！

瘤状疣突

当你看到我头上那个隆起的瘤状疣突时，就能记住我的名字了，我叫疣鼻天鹅。

4

我是黑颈天鹅，老家在遥远的南美洲。我的模样与众不同，在很多国家的动物园里，我可是备受欢迎的大明星呢！

我是澳大利亚的黑天鹅。别看我身上黑黢黢的，但我风度翩翩，招人喜爱。有人说"黑色不吉祥"，真是可笑！

我身体雪白，嘴巴是黑色的，人们因此叫我"黑嘴天鹅"。拜托，看看我的脚吧，也是黑色的！

比一比

你能找出这6种天鹅各自最突出的特点吗？

我们天鹅是鸭科家族中体形最大的成员，许多人把大天鹅、小天鹅和疣鼻天鹅统统叫作"白天鹅"，其实这是 3 种明显不同的天鹅。

你听说过丹麦童话作家安徒生写的《丑小鸭》吗？故事中，一枚天鹅蛋被混入鸭蛋中，孵化出生后的小天鹅因与众不同而遭到嘲笑。但它自强不息，终于长成了能够振翅高飞的白天鹅。

大天鹅的体形很大，体长 120-160 厘米，体重 8-12 千克，小孩子可抱不动它！

小天鹅体长 110—130 厘米，体形比大天鹅小，体重 4-7 千克。大天鹅和小天鹅看起来很像，在天空中飞翔时更是很难区分。

注意

大天鹅上嘴基部黄色部分延伸超过鼻孔，小天鹅上嘴基部黄色部分不超过鼻孔。

嘴部特征是区分大、小天鹅的主要依据。

疣鼻天鹅又叫"哑声"天鹅，可它并不哑，只是不喜欢鸣叫。即使鸣叫，它也只是发出沙哑的嘶嘶声，这种声音比其他种类天鹅的鸣叫声轻得多。

黑天鹅原产于澳大利亚。早先生活在亚洲和欧洲的人们只见过白天鹅，后来初次见到黑天鹅时，感到不可思议，因此人们用"黑天鹅"一词来表示"产生重大影响的意外事件"。

黑天鹅的身体大部分呈黑灰色或黑褐色，脖子很长，嘴巴鲜红，羽毛卷曲。它们的飞羽雪白皎洁，展翅时身上黑白相映，极为美丽。

白色飞羽

黑颈天鹅的模样很特别，它们最显著的特征是黑色脖颈和嘴基部的红色肉疣。

宝宝，快到我背上来！

黑嘴天鹅是北美洲体形最大的水鸟，也是全世界体形最大的天鹅。它们体长 139—163 厘米，体重 7—13.6 千克，全身洁白，喙呈黑色，脖颈修长，脚蹼强壮。

水鸟

指栖息于水域湿地的鸟类，不单有游禽，也有涉禽。和游禽不同，涉禽不善于游泳，通常在浅水或靠近水边的区域涉水和取食，常见的涉禽有鹳、鹤、鹭等。涉禽的主要特征是"三长"——嘴长、颈长及腿长。

天生的游泳健将

　　我们天生一副游泳健将的体格，腿脚粗壮，脚趾间有一层称为"蹼"的肉质皮膜，张开后宽宽大大，划水时便利快捷。遇到风浪时，脚蹼还能帮助我们保持身体平衡。由于擅长游泳，我们多数时间在水面活动。

浅水湖沼长满了植物，食物丰富多样，我们最喜欢和同类成群结队来这儿觅食、戏水。

大脚蹼不仅是我们天生的生态划桨，
也是整个游禽类的共同特征之一。

让我们荡起
"双脚"……

我们的脖子可长了，能够轻松地从水下及淤泥中觅得食物

我们的嘴巴感觉可灵敏呢，能准确地找到水生植物的叶、茎、根、果实和种子。即使是埋在淤泥下的食物，我们也能挖出来吃。除了植物以外，我们有时也捕食水生昆虫或蚯蚓换换口味。

真棒！浅海湿地不仅有我们喜欢的食物，还是宽敞的天然浴场。

我们身上厚厚的羽毛就是一件超级保暖衣，让我们在冰天雪地和高寒的空中都能泰然自若。我们尾部有发达的"尾脂腺"，能分泌油脂。我们常用嘴巴啄取油脂，把全身羽毛涂抹得光亮油滑，既能防水，也保养了羽毛。

嘿，羽毛有些脏乱了，该梳理梳理了！

美好的一天，从保养羽毛开始！

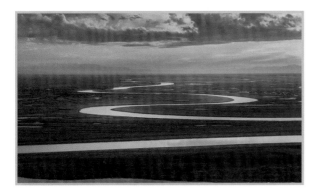

新疆的巴音布鲁克草原是中国第二大草原。这里群山环抱，河流像弯曲的玉带，河道两边镶嵌着珍珠般的湖泊和沼泽。

巴音布鲁克天鹅湖是闻名遐迩的天鹅自然保护区。每年春末夏初，天鹅群的到来让这里变得更加生机勃勃。

　　草原湖沼既是我们天鹅的乐园，也是其他众多水鸟的天堂，各种候鸟陆续从南方飞来。通常大天鹅来得最早，在这里停息觅食、补充体能，有些将继续向北飞到中国黑龙江省、蒙古国或俄罗斯西伯利亚等地繁育后代。

天鹅伴侣，不离不弃

我们天鹅可是动物界中"一夫一妻终生相伴"的表率。在迁徙途中，雌、雄天鹅一旦结为伴侣，从此终生相守、形影不离，"夫妻"或一起觅食、结伴戏水，或交颈摩挲、相互梳理羽毛。到了繁殖地，还有一项更重要的使命，那就是同心协力营建巢窝、养育后代。

一对大天鹅"在天比翼飞"。雄天鹅体形比雌天鹅略大一点儿。

"爱"让我们肩并肩，头靠头。

比心！

一对黑天鹅"在水相伴游"。

　　春末夏初，天鹅群经过几千千米的长途飞行，终于到达繁殖地。它们顾不得远飞的疲劳，立即开始搭窝做巢。天鹅警惕性高，尽量选隐蔽的地方筑巢。它们常把巢营建在四周有水环绕的孤岛草丛中，以阻隔狼、狐的袭击，也能躲开大牲畜的侵害和人类的干扰。

　　准备做父母的雄天鹅和雌天鹅收集了大量的干草、芦苇及苔藓等来筑巢，并将巢窝打理得干爽舒适。

别担心，有我保护你呢！

图中这只天鹅妈妈正在轻轻翻动它的蛋，这样可以使蛋均匀受热孵化。

就要下蛋啦，天鹅妈妈们会在巢内铺一层细软的绒羽，然后开始产蛋。它们每隔一两天产 1 枚蛋，通常一窝产 4—8 枚蛋，也有少数天鹅妈妈产蛋数量更多。天鹅妈妈产蛋时，天鹅爸爸常在旁边守候。

孵蛋任务由天鹅妈妈承担，天鹅爸爸在巢窝附近保持警戒。孵化期为 34—40 天。当天鹅妈妈离巢觅食时，有的天鹅爸爸会暂时代孵。

孵蛋期间，如果遇到天敌或受到惊吓，天鹅爸爸便高声鸣叫报警。听到警报声，天鹅妈妈会赶忙用干草把蛋盖住。然后，两只天鹅迅速游水逃离，等到险情消除，再返回巢窝继续孵蛋。

哎呀！情况危急，天鹅妈妈太慌张，逃跑时来不及把蛋遮盖严实。

一个多月后，天鹅宝宝破壳而出。它全身长满绒毛，双眼明亮。出生第一天的幼雏会紧紧靠在妈妈的怀里取暖，使绒毛干燥，它们还会从妈妈身上蹭得油脂来润泽羽毛。

刚出生的天鹅宝宝眼睛亮晶晶，身上毛茸茸，一出壳就能站立和行走，属于早成鸟。

早成鸟和晚成鸟

　　新生雏鸟的两种类型。早成鸟雏鸟双眼能睁开，身上长满绒羽，腿脚有力，能跟随亲鸟觅食，例如天鹅、鸡、鸭等。相反，晚成鸟雏鸟双眼睁不开，身体光裸，腿脚软弱，不能自行觅食，要在巢内由亲鸟喂养，例如燕子、麻雀、知更鸟等。

黑天鹅幼雏全身呈浅灰色，一点儿也不像它们的爸爸妈妈。

天鹅幼雏出壳两三个小时之后绒羽干燥，便能站立，七八个小时后就能探头看世界了。它们出生后第一天不吃食，第二天开始学着走路，第三天就能跟随妈妈下水游泳和觅食，两个月大学习飞行，四个月大的时候便能独立生活了。

刚出壳的小麻雀眼睛睁不开，身上无毛，站不起来，只会张大嘴等待妈妈喂食。它们属于晚成鸟。

黑颈天鹅可以像人类背小孩子那样，把幼鸟驮在背上到处游弋。黑颈天鹅宝宝太幸福啦！

天鹅幼鸟一天天长大。夏季的湖面一派生机勃勃。游禽和涉禽都来了，这里真是热闹极了：鹳及鹤在湖边漫步，雁和鸥在空中飞翔，天鹅和野鸭在湖面游荡，大白鹭、小白鹭等伫立在岸边。在众多水鸟中，天鹅显得格外引人注目。

天鹅幼鸟总是和爸爸妈妈在一起，白天练习游泳、觅食以及飞行，夜晚回巢休息。

"丑小鸭"们终于有点儿天鹅样了！

天鹅幼鸟又长大了些，能跟随妈妈游过深水区了。

疣鼻天鹅一家新羽完全长成，整装待发，准备在即将到来的秋末进行越冬迁徙。

精心准备，迁徙之旅

　　我们是候鸟，每年要进行南北方向的往返迁徙。秋天来了，我们吃得膘肥体壮，开始为越冬迁徙做准备，更换新飞羽是关键环节！换羽可不简单，天鹅父母不会同时换羽，通常妈妈飞往安全之地先去换羽，天鹅爸爸单独照管子女；等到天鹅妈妈新飞羽长成，回来照管子女，天鹅爸爸这才去找地方换羽，天鹅幼鸟翅膀上也渐渐长出了飞羽。

咦，为什么这些天鹅幼鸟只有爸爸在照管？原来妈妈找地方换羽去了。

候鸟

　　沿着固定的路线往返于繁殖地和越冬地之间，随季节的改变而定时迁徙的鸟类，如天鹅、燕子、大雁等。

飞羽

　　鸟类身上生长着不同类型的羽毛，主要分为正羽和绒羽，具有护身、保温、飞行等功用。与飞行功能密切相关的正羽包括飞羽和尾羽。飞羽是鸟翅后缘生长的一列坚韧强大的羽毛。鸟儿振翅，挥动飞羽，拍击空气飞行。

　　飞羽对于我们来说非常重要，每天都需要清洁、梳理，而且每年要更换一次。我们换羽不像大型猛禽那样脱一根换一根，而是全部飞羽同时脱落，再长出新羽。换羽期间，我们飞不起来，很容易受到狼、狐等天敌的袭击。

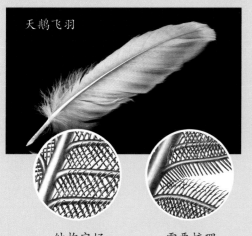

天鹅飞羽

结构完好　　　　需要梳理

狼

赤狐

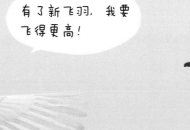

有了新飞羽，我要飞得更高！

最先启程向南迁飞的是单身的年轻天鹅，携儿带女的天鹅要等子女羽毛丰满时，才一起飞离北方的草原湖沼。

我们之所以远飞南方去越冬，不是因为怕冷，而是因为在冬天的北方，我们找不到食物。

　　天鹅族群中的大多数成员飞走后，会有少数天鹅留下来。这是为什么？原来，天鹅妈妈有补蛋的习性，先前产的蛋要是有损失，天鹅妈妈会补生一窝并孵出幼雏。但幼雏飞羽来不及长好，因此无力向南远飞。

　　天鹅父母同弱小的儿女一起留在北方过冬。深秋时节尚可度日，一旦严冬到来，大雪降临，水域冰封，食物匮乏，天鹅一家常常身处被冻死、饿死，或被狼、狐等捕杀的险境。

　　如果一对天鹅中有一只不幸亡故，另一只天鹅将孤单地度过余生。

长途迁飞非常辛苦，所以我们在迁徙时采用编队飞行的方式。飞在前面的头鸟扇翅时会产生一股气流，后边的天鹅只要找准位置，凭借这股气流飞行就可节省力气。当"头鸟"是件辛苦的事，我们会轮流当"头鸟"，确保顺利迁徙。

据科学家测定，编队飞行可以让每只天鹅全程节省大约十分之一的力气。团队合作使大家都能安全飞达目的地。随着气流和风向的变化，天鹅迁飞队列的形状也有改变，呈"一"字形、"人"字形或"V"字形。

我们中的一些飞翔高手能飞越喜马拉雅山脉，成为地球上的高飞冠军。这得益于我们适应高空环境的生理构造与技能，包括高性能保温羽衣和特殊的呼吸系统，以及高超的飞行技巧。

守护美丽的风景

　　在东西方文化中，天鹅都是纯洁、忠诚、高贵的象征。保护这类珍贵的水鸟是人类的责任。在我国，天鹅是国家保护野生动物（二级），近年来，许多地区加强了对天鹅的保护，使天鹅数量有明显增加。天鹅爱青山绿水，爱洁净的湿地水域，青山绿水和蓝天白云也因为它们更加灵动秀美。让我们一起守护这美丽的风景吧！

《天鹅湖》是芭蕾舞剧中最脍炙人口的经典剧目之一。如梦如幻的交响乐与舞者模仿天鹅的轻盈舞姿交织呼应，成就了震撼人心的艺术作品。

中国古代称天鹅为"鸿鹄"，人们用"鸿鹄之志"比喻志存高远。

亲爱的小朋友们，我是科普奶奶林育真，如果你们有关于动物生态的问题，找我就对了！

很高兴认识你们！这套《地球不能没有动物》系列科普书是我专门为小朋友创作的"科"字当头的动物科普书，尽力融科学性、知识性和趣味性为一体。

教你认识动物，保护动物。

全方位展现野生动物世界。

读完这本书，希望你至少记住以下科学知识点：

1. 认识和区分全球现有的6种天鹅。

2. 天鹅都是大型游禽，是能进行长距离迁徙的候鸟。

3. 我国常见的天鹅有大天鹅、小天鹅和疣鼻天鹅。

保护天鹅我们应该做的:

1. 认识天鹅，了解天鹅，理解保护天鹅的重要意义。

2. 参与和支持宣传善待动物的公益活动。

3. 到动物园或国家公园要遵守规则，尊重动物，不捉弄惊吓动物，不乱投喂。

地球不能没有天鹅!

图书在版编目（CIP）数据

地球不能没有天鹅 / 林育真著. —济南：山东教育
出版社，2022
（地球不能没有动物. 生生不息）
ISBN 978-7-5701-2212-7

Ⅰ.①地… Ⅱ.①林… Ⅲ.①天鹅－少儿读物
Ⅳ.① Q959.7-49

中国版本图书馆 CIP 数据核字（2022）第 124856 号

责任编辑：周易之 顾思嘉 李 国
责任校对：任军芳 刘 园
装帧设计：儿童洁 东道书艺图文设计部
内文插图：小 O 快跑 李 勇

地球不能没有天鹅
DIQIU BU NENG MEIYOU TIAN'E

林育真 著
主管单位：山东出版传媒股份有限公司
出版发行：山东教育出版社
地　　址：济南市市中区二环南路2066号4区1号　　　邮编：250003
电　　话：（0531）82092660
网　　址：www.sjs.com.cn
印　　刷：济南龙玺印刷有限公司
版　　次：2022年7月第1版
印　　次：2022年7月第1次印刷
开　　本：787 mm×1092 mm　1/24
印　　张：1.5
印　　数：1—5000
字　　数：300千（全10册）
定　　价：198.00元（全10册）
审 图 号：GS鲁（2022）0022号

（如印装质量有问题，请与印刷厂联系调换。）
印厂电话：0531-86027518